ALLES FÜR DIE KATZ'

REZEPTE FÜR NASCHKATZEN UND STUBENTIGER

Sophie Klein

Parragon

Bath · New York · Singapore · Hong Kong · Cologne · Delhi · Melbourne

Wenn nicht anders angegeben, sind alle in diesem Buch vorgestellten Rezepte für 2 bis 3 Portionen berechnet.

Sie wurden sorgfältig recherchiert, zusammengestellt und an verschiedenen Katzen erprobt. Dennoch ist nicht auszuschließen, dass es in Einzelfällen zu individuellen Unverträglichkeiten kommen kann. Der Verlag und die Autorin können dafür keine Haftung übernehmen.

Die Gerichte sind für besondere Gelegenheiten gedacht, also als sogenanntes Ergänzungsfutter. Sie können und sollen eine ausgewogene, katzengerechte Ernährung nicht ersetzen. Falls Sie sich über die Verträglichkeit einer Zutat oder Zubereitungsart unsicher sind, konsultieren Sie bitte Ihren Tierarzt. Bei ganz jungen Katzen, trächtigen Katzen, kranken Katzen und bei Katzen, die eine bestimmte Diät einhalten müssen, sollte unbedingt ein Tierarzt zurate gezogen werden, bevor man selbst gekochtes Essen füttert.

Nicht alles, was dem Menschen schmeckt, ist für die Katze gut. Schädlich sind auf jeden Fall Alkohol, Kakao, Schokolade, rohes Schweinefleisch (und damit auch roher Schinken und Salami), Avocado, Zwiebeln, Knoblauch, scharfe Gewürze, Zucker und zu viel Salz. Diese Liste hat keinen Anspruch auf Vollständigkeit.

Queen Street House
4 Queen Street
Bath BA1 1 HE, UK

Producing: ditter.projektagentur GmbH
Projektkoordination: Michael Ditter
Foodfotografie: Jo Kirchherr
Foodstyling: Sonja Schubert
Illustrationen: Kyra Stempell
Lektorat: Şebnem Yavuz
Design: Sabine Vonderstein
Lithografie: Klaussner Medien Service GmbH

ISBN: 978-1-4075-5560-7

Printed in China

Inhalt

4 Vorwort

6 **Für Suppenkatzen und Suppenkater**
8 Klassische Hühnersuppe
10 Fischsuppe für Chico
12 Rindfleischtopf für Tiger
14 Feines Leberknödelsüppchen

16 **Herzhafte Katzenküche**
18 Putengeschnetzeltes
20 Sallys Lieblingsfisch
22 Ladys Käseballchen
24 Schlemmertopf mit Herz
26 Leroys Leberragout
28 Paulas Fischtöpfchen
30 Lammtöpfchen mit Karotte

32 **Italienisch für Stubentiger**
34 Vitello tonnato
36 Carpaccio Caruso
38 Bolognese à la „Nero“
40 Luccas Lieblingsrisotto
42 Frittata für Minou

44 **Für Gourmetmiezen**
46 Thunfisch-Geflügel-Salat „Lulu“
48 Feines Kaninchenragout
50 Garnelencocktail „Miau“
52 Geflügelhäppchen in Aspik
54 Mousse von der Lachsforelle für Filou

56 **Extras zum Verwöhnen von Naschkatzen**
58 Hühnchenchips und Fischknusper
60 Gebackene Leberpastete
62 Geflügelherzen

64 Register

Vorwort

Katzen sind Feinschmecker. Im Gegensatz zu Hunden sind sie nicht nur im Bezug auf ihr Fressen sehr eigen und kapriziös. Werden gewohnte Fütterungsrituale nicht eingehalten oder ändert sich der Speiseplan gravierend, werden sie schnell launisch und verweigern die ungewohnte Nahrung. Doch Katzen sind auch neugierig – lässt man ihnen Zeit und Ruhe, gehen sie zunächst vorsichtig auf kulinarische Entdeckungstouren im Fressnapf, bevor sie sich mit den neuen Leckereien anfreunden.

Nachdem mein Stubentiger in der Küche immer wieder schmeichelnd um meine Beine strich, wenn ich für mich und meine Gäste allerlei Köstlichkeiten zubereitete, kam ich auf die Idee, vor dem Kochen von den Zutaten eine kleine Portion abzuzweigen und meinem vierbeinigen Liebling in einem separaten Töpfchen eine Katzenmahlzeit zu kochen. Aus einem Spargelrisotto mit gegrillter Hühnerbrust für uns Menschen wurde zum Beispiel „Luccas Lieblingsrisotto“, das Hackfleisch für unsere Frikadellen verwandelte sich mit Käse, Haferflocken und Ei zu „Ladys Käsebällchen“.

So entstand im Laufe der Zeit eine Rezeptsammlung von kleinen Gerichten für die Katze – die Basis für dieses Kochbuch. Die Gerichte sind einfach nachzukochen und wurden von meiner Katze Paula und ihren Freunden mehrfach getestet. Allerdings sind die Rezepte für besondere Gelegenheiten gedacht und nicht für die tägliche Ernährung von Naschkatzen und Gourmetmiezen. Ich verfütterte sie maximal zweimal pro Woche als sogenanntes Ergänzungsfutter oder als Belohnung. Wer seine Katze nur mit selbst gekochter Nahrung füttern will, sollte unbedingt vorher einen Tierarzt zurate ziehen und sich über die essenziellen Inhaltsstoffe einer gesunden Katzennahrung informieren. Für kranke Katzen und Katzen, die eine bestimmte Diät einhalten müssen, sind meine Gerichte nicht geeignet.

Auch beim Kochen für gesunde Katzen gibt es einige Regeln, die man unbedingt beachten sollte: Nicht alles, was dem Menschen schmeckt, ist auch für die Katze gut. Was Sie ihrem Liebling keinenfalls geben sollten, sind Alkohol, Kakao, Schokolade, rohes Schweinefleisch (und damit auch roher Schinken und Salami), Avocado, Zwiebeln, Knoblauch, scharfe Gewürze, Zucker und zu viel Salz. Reis, Kartoffeln, Nudeln, Fisch und Geflügel sollten nur gekocht gefüttert werden, Gräten und Knochen gehören nicht in Miezes Futternapf. Flocken und Getreide vor dem Verfüttern bitte einweichen, Gemüse fein raspeln oder hacken. Künstliche Farb- und Geschmacksstoffe sind tabu.

Lässt Ihr Stubentiger trotz aller Liebe und Sorgfalt, mit der Sie ihn bekocht haben, sein Fressen unbeachtet stehen, seien Sie nicht enttäuscht, und lassen Sie Ihren Liebling auf keinen Fall zur Strafe längere Zeit hungern. Versuchen Sie es einfach an einem anderen Tag mit einem anderen Gericht. Jede Katze hat andere Vorlieben. Meine Paula hat sich mit Begeisterung vor allem auf die Fischgerichte sowie auf Hühnchenchips und Fischknusper gestürzt. All die vielen anderen dankbaren Testesser taten ihre Zustimmung ebenfalls wohlig schnurrend kund.
Bei ihnen, ihren Frauchen und Herrchen möchten Paula und ich uns an dieser Stelle nochmals herzlich bedanken.

Sophie Klein

FÜR SUPPENKATZEN UND SUPPENKATER

Klassische Hühnersuppe

Für die Hühnerbrühe:
¼ TL Salz
2 Hühnerschenkel, ohne Haut
2 Karotten
100 g Stangensellerie

Für die Suppe:
20 g Karotte
1 TL Weizenkeimöl
10 g gekochter Reis
½ TL frisch gehackte glatte Petersilie

Für die Hühnerbrühe in einem Topf 1 Liter Wasser mit dem Salz zum Kochen bringen und die Hühnerschenkel hineingeben. Die Karotten schälen und den Stangensellerie waschen. Das Gemüse in Stücke schneiden und zu den Hühnerschenkeln geben. Zugedeckt 45 Minuten köcheln, vom Herd nehmen und abkühlen lassen.

Die Hühnerschenkel aus der Brühe nehmen und das Fleisch von den Knochen lösen. Die Knochen wegwerfen. Die Brühe in eine Schüssel abseihen und das Gemüse wegwerfen. 100 ml Brühe und 100 g Fleisch für die Hühnersuppe abmessen bzw. abwiegen und beiseitestellen. Restliche Brühe und Fleisch für andere Rezepte verwenden oder einfrieren.

Für die Suppe die Karotte schälen und reiben. Das Öl in einem Topf erhitzen, Reis und Karottenraspel darin andünsten. Die abgemessene Menge Brühe zugießen, aufkochen und 10 Minuten köcheln lassen.

In der Zwischenzeit das abgewogene Hühnerfleisch sehr fein schneiden. Die Suppe vom Herd nehmen, Hühnerfleisch und Petersilie zugeben und auf Zimmertemperatur abkühlen lassen. Portionsweise füttern.

Fischsuppe für Chico

40 g Lachsfilet, ohne Haut und vollständig grätenfrei
40 g Seelachsfilet, ohne Haut und vollständig grätenfrei
20 g rohe Garnelen
20 g Zucchini
1 TL Sonnenblumenöl
½ TL Thunfischflocken
5 g Suppennudeln
½ TL frisch gehackte glatte Petersilie

Beide Fischsorten in kleine Würfel schneiden. Die Garnelen klein schneiden. Die Zucchini sehr fein würfeln.

Das Öl in einem Topf erhitzen und die Zucchiniwürfel darin andünsten. 100 ml Wasser, Thunfischflocken und Suppennudeln zugeben, aufkochen und 10 Minuten köcheln lassen.

Fischwürfel und Garnelen in die Suppe geben und bei kleiner Hitze 10 Minuten darin gar ziehen lassen. Die Suppe vom Herd nehmen und abkühlen lassen. Die Petersilie untermischen. Portionsweise füttern.

Rindfleischtopf für Tiger

100 g Rindfleisch
1 TL Sonnenblumenöl
10 g Kartoffel
10 g grüne Bohnen
¼ TL Hefeflocken
½ TL frisch gehackte glatte Petersilie

Das Rindfleisch sehr klein schneiden. Das Sonnenblumenöl in einem Topf erhitzen und das Fleisch darin anbraten. Mit 100 ml Wasser ablöschen und 20 Minuten zugedeckt garen.

In der Zwischenzeit die Kartoffel schälen und fein reiben, die Bohnen waschen, putzen und sehr fein schneiden. Kartoffelraspel, Bohnen und Hefeflocken zum Fleisch geben und alles zusammen weitere 15 Minuten köcheln lassen.

Vom Herd nehmen und abkühlen lassen. Die gehackte Petersilie einrühren. Portionsweise füttern.

Feines Leberknödelsüppchen

1 Eigelb
10 g Instant-Haferflocken
70 g Rinderhackfleisch
30 g Rinderleber, püriert
½ TL frisch gehackte glatte Petersilie
5 g Karotte
5 g Sellerie
¼ TL Hefeflocken

Das Eigelb in einer Schüssel verquirlen, die Haferflocken einrühren und 10 Minuten quellen lassen.

Rinderhackfleisch, pürierte Rinderleber und Petersilie zugeben und alles miteinander verkneten. Aus dem Fleischteig mit feuchten Händen haselnußgroße Kugeln formen.

Karotte und Sellerie fein reiben. In einem Topf 250 ml Wasser zusammen mit Gemüse und Hefeflocken zum Kochen bringen. Die Fleischkugeln zugeben und 10 Minuten bei kleiner Hitze garen.

Die Suppe vom Herd nehmen und abkühlen lassen. Jeweils eine Portion Leberknödel mit etwas Brühe füttern.

HERZHAFTE KATZENKÜCHE

Putengeschnetzeltes

100 g Putenbrust
1 TL Sesamöl
10 g gekochter Reis
1 EL Sahne
10 g Alfalfa-Sprossen, fein gehackt
½ TL Kokosraspel

Das Putenfleisch in feine Streifen schneiden. Das Sesamöl in einer Pfanne erhitzen, die Putenbruststreifen darin anbraten, mit 25 ml Wasser ablöschen und 10 Minuten garen.

Das Fleisch vom Herd nehmen und abkühlen lassen. Reis, Sahne, Alfalfa-Sprossen und Kokosraspel untermischen. Portionsweise füttern.

Sallys Lieblingsfisch

100 g Lachsfilet, ohne Haut und vollständig grätenfrei
1 TL Olivenöl
15 g Spinat, fein gehackt
10 g kleine gekochte Nudeln
1 EL Schmant

Den Lachs in sehr kleine Würfel schneiden. Das Öl in einer Pfanne erhitzen und den Lachs darin anbraten. Mit 25 ml Wasser ablöschen, Spinat und Nudeln zufügen und alles 10 Minuten garen.

Das Gericht vom Herd nehmen und abkühlen lassen.
Den Schmant unterziehen und portionsweise füttern.

Ladys Käsebällchen

1 Eigelb
1 EL Instant-Haferflocken
15 g gegarter Kürbis
80 g Rinderhackfleisch
½ TL frisch gehackte glatte Petersilie
20 g Mozzarella
1 TL Pflanzenöl

Das Eigelb in einer Schüssel verquirlen, die Haferflocken einrühren und 10 Minuten quellen lassen.

Den Kürbis in sehr kleine Würfel schneiden, zusammen mit Rindfleisch und Petersilie zur Haferflocken-Ei-Mischung geben und verkneten.

Den Mozzarella in 3 Scheiben schneiden und aus der Fleischmasse 6 Frikadellen formen. Zwischen 2 Frikadellen jeweils 1 Scheibe Mozzarella legen und etwas flach drücken.

Das Öl in einer Pfanne erhitzen und die Frikadellen darin bei mittlerer Hitze von jeder Seite 3 Minuten braten.

Aus der Pfanne nehmen und abkühlen lassen. Portionsweise in katzengerechte Stücke teilen und füttern.

Schlemmertopf mit Herz

70 g Hühnerbrustfilet
30 g Hühnerherzen
1 TL Butter
1 TL Mehl
1 EL Sahne
1 EL geriebener Käse
15 g Feldsalat
10 g gekochter Reis

Hühnerbrustfilet und Hühnerherzen zusammen mit 100 ml Wasser in einen Topf geben, aufkochen lassen und 15 Minuten garen. Abgießen, dabei das Kochwasser auffangen. Das Fleisch abkühlen lassen und in kleine Stücke schneiden.

Die Butter in einem kleinen Topf erhitzen, das Mehl einrühren und darin anschwitzen. 50 ml Kochwasser und Sahne zugeben und aufkochen.
Den Käse einrühren und in der Sauce schmelzen lassen.
Den Topf zum Abkühlen vom Herd nehmen.

Den Feldsalat waschen und fein hacken. Reis, Hühnerfleisch und Feldsalat mit der Sauce vermischen. Portionsweise füttern.

Leroys Leberragout

100 g Rinderleber
1 TL Sonnenblumenöl
15 g gekochte Kartoffel
1 EL Schmant
1 TL frisch gehackte Petersilie

Die Rinderleber waschen, trocken tupfen und in feine Würfel schneiden. Das Öl in einem Topf erhitzen, die Leberwürfel hinzufügen und anbraten. Mit 50 ml Wasser ablöschen und 10 Minuten bei mittlerer Hitze garen.

Die Kartoffel mit einer Gabel zerdrücken, dann zusammen mit Schmant und Petersilie unter das Leberragout mischen. Abkühlen lassen und portionsweise füttern.

Paulas Fischtöpfchen

100 g Seelachsfilet, ohne Haut und vollständig grätenfrei
10 g Zucchini
1 TL Olivenöl
2 TL Tomatenmark
10 g gekochter Reis
2 TL Sahne
½ TL frisch gehacktes Basilikum

Das Seelachsfilet in kleine Würfel schneiden. Die Zucchini fein reiben.

Das Öl in einem Topf erhitzen, Fisch und Zucchini darin bei mittlerer Hitze andünsten. Tomatenmark, 25 ml Wasser sowie Reis zugeben und alles zusammen 10 Minuten köcheln.

Vom Herd nehmen und abkühlen lassen. Sahne und Basilikum untermischen. Portionsweise füttern.

Lammtöpfchen mit Karotte

100 g Lammfleisch
20 g Karotte
1 TL Olivenöl
1 EL Naturjoghurt
½ TL frisch gehackte glatte Petersilie

Das Lammfleisch in kleine Würfel schneiden. Die Karotte schälen und fein reiben.

Das Olivenöl in einer Pfanne erhitzen und das Fleisch von allen Seiten darin anbraten. Die geriebene Karotte zugeben und alles mit 25 ml Wasser ablöschen. Bei mittlerer Hitze 10 Minuten garen, vom Herd nehmen und abkühlen lassen.

Joghurt und Petersilie untermischen. Portionsweise füttern.

ITALIENISCH FÜR STUBENTIGER

Vitello tonnato

60 g Kalbsschnitzel
1 TL Olivenöl
1 in Öl eingelegtes Sardellenfilet
40 g Thunfisch aus der Dose im eigenen Saft
2 EL Naturjoghurt
½ TL frisch gehacktes Basilikum

Das Kalbsschnitzel sehr flach klopfen. Das Öl in einer Pfanne erhitzen und das Fleisch darin von jeder Seite 1 Minute braten. Aus der Pfanne nehmen, abkühlen lassen und klein schneiden.

Den Bratensatz mit 25 ml Wasser lösen und abkühlen lassen. Das Sardellenfilet abspülen, trocken tupfen und zusammen mit Thunfisch, Joghurt und Bratensatz in einen Mixbecher geben und pürieren. Das Basilikum unter die Sauce mischen.

Die Fleischstücke mit der Thunfischsauce anrichten. Portionsweise füttern.

Carpaccio Caruso

40 g sehr frisches rohes Rindfleisch
5 g gemischte Blattsalate (z.B. Rucola, Feldsalat, Kopfsalat)
½ TL Olivenöl
¼ TL geriebener Parmesan

Das Fleisch in sehr feine Streifen schneiden, mit dem Messerrücken etwas flach drücken und auf einem Teller anrichten.

Die Blattsalate fein hacken. Das Olivenöl in einer Schüssel mit 1 Esslöffel Wasser zu einer Vinaigrette verrühren und mit dem gehackten Salat vermischen.

Das Fleisch damit überziehen und alles mit dem Parmesan bestreuen.
Sofort servieren.

Tipp
Für manche Katzen ist rohes Fleisch Beute, die erst erlegt werden muss. Um größere Verschmutzungen in der Wohnung zu vermeiden, sollte man in solchen Fällen das Carpaccio draußen servieren. Alternativ kann man Tatar verwenden und dieses mit der Salatmischung und dem Parmesan mischen.

Bolognese à la „Nero“

10 g Karotte
5 g Stangensellerie
1 TL Olivenöl
100 g Rinderhackfleisch
2 TL Tomatenmark
10 g kleine gekochte Nudeln
1 TL geriebener Parmesan

Die Karotte raspeln und den Sellerie sehr fein schneiden.

Das Olivenöl in einer Pfanne erhitzen und das Fleisch darin krümelig braten. Gemüse und Tomatenmark hinzugeben und kurz mitbraten. 50 ml Wasser zugießen und alles 10 Minuten garen.

Die Bolognese-Sauce mit den Nudeln mischen und abkühlen lassen. Mit Parmesan bestreuen und portionsweise füttern.

Luccas Lieblingsrisotto

100 g Hühnerbrustfilet
15 g grüner Spargel
1 TL Olivenöl
10 g Risottoreis
75 ml Hühnerbrühe, selbst gekocht s. S. 8
(ersatzweise ¼ TL Hefeflocken in 75 ml Wasser auflösen)
¼ TL Butter
1 TL geriebener Parmesan

Das Hühnerbrustfilet in kleine Würfel schneiden. Den Spargel sehr fein schneiden.

Das Olivenöl in einem Topf erhitzen und die Fleischwürfel darin anbraten. Reis und Spargel zugeben und kurz mitdünsten. Mit 25 ml Brühe ablöschen und weiterrühren, bis die Flüssigkeit fast verdunstet ist. Die restliche Brühe zugeben und alles bei milder Hitze 15 Minuten im offenen Topf garen, dabei gelegentlich umrühren.

Das Risotto vom Herd nehmen, Butter und Parmesan untermischen und abkühlen lassen. Portionsweise füttern.

Frittata für Minou

50 g gekochte Garnelen (ohne Konservierungsstoffe)
1 Ei
2 EL Magerquark
½ TL geriebener Parmesan
5 g Haferflocken
15 g Spinat, fein gehackt
1 TL Olivenöl

Die Garnelen klein schneiden. In einer Schüssel Ei, Quark und Parmesan verrühren. Haferflocken, Garnelen und Spinat unter die Eimasse mischen.

Das Olivenöl in einer kleinen Pfanne erhitzen, die Eimischung hineingeben und bei mittlerer Temperatur 8 Minuten stocken lassen. Wenden und noch 2 Minuten weiterbacken.

Die Frittata aus der Pfanne nehmen, abkühlen lassen und klein schneiden. Portionsweise füttern.

FÜR GOURMETMIEZEN

Thunfisch-Geflügel-Salat „Lulu“

50 g Thunfisch aus der Dose im eigenen Saft
50 g gegartes Hühnerfleisch
15 g gemischte Blattsalate (z.B. Feldsalat, Radicchio, Eichblatt-, Kopfsalat)
5 g Rote-Bete-Sprossen
1 TL Weizenkeimöl
1 EL Naturjoghurt
½ TL frisch gehackte glatte Petersilie

Den Thunfisch abtropfen lassen und zerpflücken. Das Hühnerfleisch klein schneiden. Die Blattsalate waschen, trocken schütteln und in sehr feine Streifen schneiden. Die Sprossen hacken, alles in eine Schüssel füllen und vermischen.

In einer kleinen Schüssel Weizenkeimöl und Joghurt mit 1 Esslöffel Wasser zu einem Dressing verrühren und die Petersilie untermischen.

Die Fleisch-Gemüse-Mischung portionsweise anrichten und mit dem Dressing beträufeln.

Feines Kaninchenragout

100 g Kaninchenfleisch
1 TL Olivenöl
10 g Kartoffel
10 g Chicorée
50 ml Hühnerbrühe, selbst gekocht s. S. 8
(ersatzweise ¼ TL Hefeflocken in 50 ml Wasser auflösen)
¼ TL gehackte Haselnüsse
½ TL frisch gehackte glatte Petersilie

Das Kaninchenfleisch in kleine Würfel schneiden. Das Olivenöl in einer Pfanne erhitzen und die Fleischwürfel darin anbraten.

Die Kartoffel schälen und reiben, den Chicorée in feine Streifen schneiden und beides zum Fleisch in die Pfanne geben. Mit der Brühe ablöschen und zugedeckt 10 Minuten garen.

Das Ragout vom Herd nehmen und abkühlen lassen. Haselnüsse und Petersilie untermischen. Portionsweise füttern.

Garnelencocktail „Miau“

75 g gekochte Garnelen (ohne Konservierungsstoffe)
2 EL Naturjoghurt
1 TL Tomatenmark
1 TL Weizenkeimöl
10 g Alfalfa-Sprossen
½ TL frisch gehackte Petersilie

Die Garnelen klein schneiden. Joghurt, Tomatenmark und Weizenkeimöl zu einer Sauce verrühren. Die Alfalfa-Sprossen hacken.

Garnelen, Sprossen und Petersilie mit der Sauce vermischen. Portionsweise füttern.

Geflügelhäppchen in Aspik

Für 3 Formen à 100 ml

3 Blatt Gelatine
50 g Hühnerfleisch
50 g Entenfleisch
1 TL Sesamöl
200 ml Hühnerbrühe, selbst gekocht s. S. 8
(ersatzweise ½ TL Hefeflocken
in 200 ml Wasser auflösen)
15 g Eisbergsalat
10 g gekochter Reis

In einer kleinen Schüssel die Gelatine in kaltem Wasser einweichen. Hühner- und Entenfleisch in kleine Würfel schneiden.

Das Öl in einem Topf erhitzen und die Fleischwürfel darin andünsten. Mit der Brühe ablöschen und das Fleisch 10 Minuten garen.

In der Zwischenzeit den Eisbergsalat in feine Streifen schneiden. Das Fleisch aus der Brühe nehmen und mit Eisbergsalat und Reis mischen. Die Mischung auf 3 kleine Formen (z.B. leere Katzenfutterschälchen) verteilen. Die Gelatine ausdrücken und in der Brühe im Topf auflösen. Die Formen mit der Gelatineflüssigkeit auffüllen und für 3 Stunden in den Kühlschrank stellen.

Zum Servieren den Rand der Sülze mit einem Messer lösen. Die Formen kurz in heißes Wasser tauchen und stürzen. Die Sülze vor dem Füttern 30 Minuten bei Zimmertemperatur stehen lassen.

Mousse von der Lachsforelle für Filou

Für 2 Formen à 75 ml

2 Blatt Gelatine
15 g Zucchini
80 g Lachsforellenfilet
1 TL Maiskeimöl
1 EL Magerquark
1 EL steif geschlagene Sahne

In einer kleinen Schüssel die Gelatine in kaltem Wasser einweichen. Die Zucchini reiben und das Lachsforellenfilet in kleine Würfel schneiden.

Das Öl in einer Pfanne erhitzen und die Forellenfiletstücke darin andünsten. Mit 50 ml Wasser ablöschen und 5 Minuten garen. Vom Herd nehmen, in eine hohe Schüssel füllen und mit dem Mixstab pürieren.

Die Gelatine ausdrücken, in die pürierte Masse rühren und auflösen. Zucchini, Quark und geschlagene Sahne unterheben. Die Masse in 2 kleine Formen à 75 ml füllen und für 3 Stunden in den Kühlschrank stellen.

Die Mousse aus dem Kühlschrank nehmen und den Rand vorsichtig mit einem Messer lösen. Die Formen kurz in heißes Wasser tauchen und stürzen. 30 Minuten bei Zimmertemperatur stehen lassen.

EXTRAS ZUM VERWÖHNEN VON NASCHKATZEN

Hühnchenchips und Fischknusper

150 g Hühnerbrustfilet
150 g Seelachsfilet ohne Haut und vollständig grätenfrei

Hühnerbrust und Seelachs für 2 Stunden ins Gefrierfach legen.

Den Backofen auf 150 °C vorheizen und 2 Backbleche mit Backpapier auslegen.
Die Hühnerbrust in hauchdünne Scheiben schneiden. Die einzelnen Scheiben zwischen Frischhaltefolie legen, vorsichtig flach klopfen und auf eines der Backbleche legen.

Das Seelachsfilet erst in 5 mm dicke Scheiben, dann in 1 cm x 1 cm große Stücke schneiden. Die Fischstücke auf dem zweiten Backblech verteilen.

Beide Backbleche für 25 Minuten in den vorgeheizten Backofen schieben.
Die Temperatur auf 100 °C reduzieren, die Backofentür einen Spalt öffnen und die Snacks weitere 40 Minuten trocknen lassen.

Den Ofen ausschalten und Hühnchenchips und Fischknusper über Nacht nachtrocknen lassen. In luftdicht verschlossenen Gläsern kühl und trocken lagern.

Gebackene Leberpastete

Für 2 Pasteten

50 g Mehl
10 g Butter
3 EL kaltes Wasser
100 g Rinderleber
100 g Rinderhackfleisch
1 Eigelb
½ TL frisch gehackte glatte Petersilie
Butter, zum Einfetten
Mehl, zum Bestäuben
1 EL Sahne

Aus Mehl, Butter und Wasser einen Teig kneten, in Frischhaltefolie wickeln und 30 Minuten im Kühlschrank ruhen lassen.

Die Rinderleber waschen, trocken tupfen und sehr klein schneiden. In eine Schüssel geben und mit Hackfleisch, Eigelb und Petersilie vermengen.

Den Backofen auf 175 °C vorheizen. 2 kleine Tartelett- oder Muffin-Formen einfetten und mit Mehl bestäuben. Den Teig sehr dünn zu 2 Kreisen ausrollen und die Formen damit auslegen. Überstehende Ränder abschneiden und die Fleischmasse einfüllen.

Aus den Teigresten 2 Kreise in der Größe der Formen ausrollen und aus der Mitte ein Loch ausstechen. Die Teigdecken auf die Pasteten legen und die Ränder andrücken. Die Pasteten mit der Sahne bestreichen und im vorgeheizten Backofen etwa 30–40 Minuten backen.

Aus dem Ofen nehmen und abkühlen lassen. Kleine Stückchen davon als Belohnung füttern. Die Pasteten halten im Kühlschrank nur maximal 2 Tage, deswegen sollte man die zweite Pastete am besten gleich einfrieren.

Geflügelherzen

100 g Mehl, plus etwas mehr zum Bestäuben
20 g Haferkleie
2 TL geriebener Parmesan
1 Eigelb
10 g Butter
100 g gegartes Geflügelfleisch, püriert
(z.B. Putenzubereitung für Kleinkinder aus dem Glas)

Zum Bestreichen:
1 Eigelb
1 EL Sahne

Alle Zutaten zu einem glatten Teig verkneten. Den Teig in Frischhaltefolie wickeln und 1 Stunde im Kühlschrank ruhen lassen.

Den Backofen auf 175 °C vorheizen. Den Teig aus dem Kühlschrank nehmen und auf einer bemehlten Arbeitsfläche etwa 3 mm dick ausrollen. Mit einer Ausstechform kleine Herzen ausstechen.

Ein Backblech mit Backpapier auslegen und die Herzen daraufsetzen. Eigelb und Sahne in einer kleinen Schüssel verquirlen und die Plätzchen damit bestreichen. Im vorgeheizten Backofen 15 Minuten backen.

Den Ofen ausschalten, die Tür einen Spaltbreit öffnen und die Geflügelherzen darin aushärten lassen. Luftdicht verschlossen, kühl und trocken lagern.

Abkürzungen und Mengenangaben

1 g =	1 Gramm =	1/1000 Kilogramm
1 kg =	1 Kilogramm =	1000 Gramm
1 ml =	1 Milliliter =	1/1000 Liter
1 cl =	1 Zentiliter =	10 Milliliter = 1/100 Liter
1 l =	1 Liter =	1000 Milliliter
¼ l =	¼ Liter =	250 Milliliter
½ l =	½ Liter =	500 Milliliter
¾ l =	¾ Liter =	750 Milliliter
1 Glas =	0,2 l =	200 Milliliter
1 kleines Glas =	0,1 l =	100 Milliliter
1 EL =	1 gestrichener Esslöffel = 3 TL	
1 TL =	1 gestrichener Teelöffel	

Bildnachweis
Corbis: 16 Don Mason
Getty Images: 1 Imagemore, 6 Peter Cade, 32 Brian Gordon Green, 44 GK Hart/ Vikki Hart, 56 Sharon Dominick